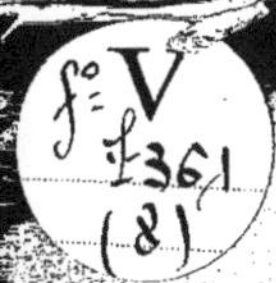

Centre d'Etudes tactiques d'Artillerie

Secret

Conférence

sur l'Organisation d'ensemble des S.R.S. et des S.R.O.T.

par

le Lieutenant-Colonel Noirel
du Service Géographique de l'Armée

Approuvé,

le Général de brigade commandant le C.E.A.
Signé : MOUCHON

Centre d'Etudes tactiques d'Artillerie

Secret

Conférence

sur l'Organisation d'ensemble des S.R.S. et des S.R.O.T.

par

le Lieutenant-Colonel Noirel
du Service Géographique de l'Armée

Approuvé,
le Général de brigade commandant le C.E.A.
Signé : MOUCHON

BIBLIOTHÈQUE NATIONALE
R.F.

Secret 17 Juillet 1919

Organisation d'ensemble des S.R.S. et des S.R.O.T.

Notions Générales sur le Repérage par le Son.

Dès les premiers jours de la guerre, on s'est préoccupé du repérage des batteries ennemies par le son: le procédé NORDMANN a été employé tout d'abord. Trois observateurs A, B, C (fig. 1), munis de montres fréquemment comparées l'une à l'autre avec le plus grand soin, notaient avec une précision de quelques dixièmes de seconde l'instant exact où ils entendaient tirer une même pièce: leurs observations étaient transmises, par téléphone ou autrement, à un central qui, connaissant la position topographique de ces trois observatoires, avait ainsi des données suffisantes pour la détermination de la pièce. En effet, une onde sonore se déplace avec une vitesse très sensiblement constante dans toutes les directions (onde sphérique); il en résulte que la différence des heures t_A et t_B notées en A et en B est proportionnelle à la différence des distances PA - PB, en vertu de la relation $t_A - t_B = V_S \cdot (PA - PB)$, où V_S représente la vitesse du son (340 m. par seconde environ), supposée constante.

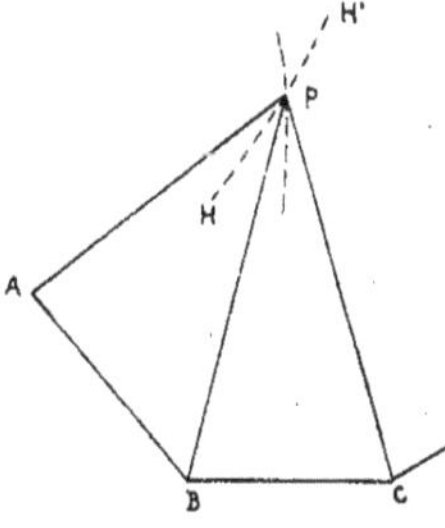

Un des lieux géométriques de la position cherchée P est donc une des deux branches HH' d'une hyperbole bien définie et ayant A et B pour foyers. Le même raisonnement appliqué à la base BC conduit à une autre branche d'hyperbole qui coupe la première au point P, ce qui détermine ce point. Un quatrième poste D, par combinaison avec l'un des trois autres, donnerait une troisième courbe, tout à fait indépendante des deux arcs déjà tracés, ce qui permet, d'abord, de choisir parmi les quatre points d'intersection des deux hyperboles déjà construits et, en plus, on obtient un <u>chapeau</u>, c'est-à-dire une <u>vérification</u> et, par la même occasion, la possibilité d'estimer la précision des mesures.

Dans l'application, le procédé NORDMANN, sous la forme primitive que nous venons de dire, n'a pas donné de très bons résultats, d'abord parce que le phénomène de l'onde de choc, assez peu connu au début de la guerre, venait altérer profondément la simplicité du problème, du moins quand il s'agissait d'un canon long ou même d'un obusier à vitesse initiale assez forte, ainsi que nous le verrons plus loin, et, en outre, parce que la détermination du temps était un peu trop incertaine eu égard à la précision qu'exige la question.

On a perfectionné très vite le procédé décrit plus haut en munissant chaque observateur d'une sorte de clé Morse afin qu'il puisse fermer brusquement, au moment même où il entend le coup de canon, un circuit électrique sur lequel se trouve un électro-aimant. La fermeture du courant produit l'attraction d'une palette et, par suite, l'inscription d'un petit signal graphique sur une bande de papier, comme dans le télégraphe

Morse. La bande se déroule d'une façon parfaitement régulière sur un cylindre ; une horloge à contact électrique vient inscrire également chaque seconde (ou fraction de seconde) sur une ligne parallèle à celle que décrit le style des signaux. Par une interpolation très simple, on obtient avec précision l'heure relative des coches inscrites par les différents postes pour un même coup de canon, c'est-à-dire les différences de temps telles que $t_A - t_B$.

Mais, si le relevé des temps peut s'effectuer avec une très grande approximation, l'observation elle-même reste affectée d'une erreur variable, dont l'importance est assez considérable. Il s'agit ici de la variation d'équation personnelle : il faut, en effet, à un topeur humain (c'est l'expression consacrée) un délai appréciable pour qu'ayant perçu un départ, il appuie sur la clé Morse qu'il a sous la main : ce retard varie avec chaque individu et est de l'ordre de un à quatre dixièmes de seconde ; de tels retards n'interviennent d'ailleurs dans le problème que par leur différence. Mais il ne s'agit là que d'une valeur moyenne ; selon l'état physiologique d'un même observateur, le montant du retard oscille encore, sans lois définies, de un à deux dixièmes autour de cette valeur moyenne. La combinaison de ces deux causes d'incertitude permet de se faire une opinion sur ce que l'on peut attendre du procédé.

On a donc été conduit tout naturellement à remplacer le topeur humain par un topeur automatique, c'est-à-dire par un organe, sensible à l'onde sonore, qui éprouve une altération de nature mécanique ou physique au passage de cette onde. Cette modification, par un artifice convenable, est transformée en une variation d'intensité dans un courant électrique et c'est cette variation que l'on enregistre par les méthodes propres à l'électrotechnique.

Description sommaire des appareils employés -

Les appareils employés par les S.R.S. de l'armée française peuvent se classer en deux catégories:

———— I°) les appareils à grandes bases accolées et solidaires, correspondant à la disposition géométrique de la figure n°1. Un certain nombre de postes sont répartis sur le terrain à un intervalle de 1.500 à 3.000 mètres, de manière à former, dans le sens du front une base totale légèrement concave vers l'ennemi.

Ces appareils appartiennent à trois systèmes assez différents:

A) l'appareil T.M. 1916, de beaucoup le plus répandu, qui est à proprement parler une création du Service Géographique de l'Armée. En chaque poste, l'écouteur, c'est-à-dire l'organe impressionné par l'onde sonore, est constitué par une plaque d'aluminium formant membrane vibrante et au centre de laquelle fonctionne un microphone très sensible, analogue en tous points à certains microphones téléphoniques. L'onde sonore, en déplaçant la membrane, produit une variation de résistance dans le microphone, et, par suite une variation d'intensité électrique dans le circuit d'une pile. Un transformateur amplifie cette variation d'intensité infiniment petite d'une façon suffisante pour déclencher un style qui court le long d'un cylindre enfumé. Un compteur électrique à mouvement d'horlogerie enregistre le temps à raison d'une coche par cinquième de seconde sur une ligne parallèle à celle que décrit le style. Le déroulement est de 50 millimètres par seconde, aussi le relevé des coches s'effectue-t-il avec l'approximation du <u>centième de seconde</u>. L'appareil enregistreur de la section est installé dans un <u>poste central</u> où se font les calculs et les graphiques, sous la direction d'un des officiers de la **S.R.S.** ; le transformateur de chaque poste est relié à cet appareil par fil téléphonique, monté de préférence en circuit double.

De même que dans la méthode exposée au début, trois postes suffisent à déterminer la position de la source sonore ; il faut quatre écouteurs si l'on veut une vérification.

B) le <u>système **BULL**</u>, tout à fait semblable aux appareils qui servent dans les laboratoires de physiologie pour les recherches les plus délicates. Ici le passage de l'onde modifie la température et, par conséquent, la résistance électrique d'un fil électrique extrêmement fin disposé sous forme de grille à l'entrée d'une caisse sonore. Ce changement dans les conditions électriques du circuit se traduit par le déplacement de l'aiguille d'un galvanomètre apériodique d'une très grande sensibilité (galvanomètre à corde d'Einthoven), et l'enregistrement se produit encore sur une bande de papier qui se déroule d'un mouvement uniforme, mais, cette fois, on a recours à l'impression photographique.

C) le <u>système **DUFOUR**</u>, application directe des phénomènes d'induction. Ici, la membrane vibrante porte en son centre une bobine, mise en circuit, qui se déplace dans le champ d'aimants naturels disposés en couronne, d'où courant induit et mouvement de l'aiguille d'un galvanomètre spécial. Dans cet appareil, l'enregistrement est également photographique.

Pour la mesure du temps, les systèmes Bull et Dufour ont un dispositif qui trace sur la bande photographique un trait à chaque centième de seconde; un diapason à entretien électrique assure la régularité du tracé de tous ces traits de repère.

2°) Contrairement à ce qui caractérise les trois procédés énumérés ci-dessus, l'autre catégorie d'appareils (système COTTON-WEISS) s'emploie avec de petites bases indépendantes qui fournissent chacune une direction. A cet effet, les écouteurs sont associés par couples, les deux appareils d'un couple étant placés à 200 ou 300 mètres d'écartement; ces bases successives sont disposées à 1500 ou 2.000 mètres d'intervalle sur une ligne à peu près parallèle au front. L'organe sensible est constitué, ici, par un rupteur, c'est-à-dire par un contact électrique qui se ferme d'une façon automatique, par basculement, quand une très légère décompression vient à se produire brusquement au voisinage d'un grand réservoir d'air, ce réservoir étant fermé par une soupape parfaitement ajustée et solidaire du contact électrique.

Les deux rupteurs d'une base élémentaire

telle que AB (fig. 2) sont montés sur un même pont de Wheastone équilibré, avec des dispositions telles que, si le déclenchement du rupteur A, supposé le plus voisin de la source O, ferme un circuit passant dans un galvanomètre apériodique, le déclenchement de l'autre rupteur, à son tour, vient arrêter net l'aiguille de ce galvanomètre. Ce dernier appareil fonctionne en quelque sorte comme une clepsydre mesurant le débit d'électricité et, par conséquent, le temps, avec une approximation qui a besoin d'être considérable en raison du peu de développement de la base correspondante. Sur le terrain, la distance AB étant petite vis-à-vis des longueurs AO et BO (dans le rapport de 300 m. à plusieurs kilomètres), on conçoit qu'une onde sonore sphérique, issue de O, puisse être assimilée, au voisinage de la base AB, à une onde plane dont le front AB' est normal à la direction OX qui joint la source au milieu de AB. Cette onde atteint A un certain temps t avant d'arriver en B et la différence de marche, mesurée par la longueur BB' de la figure 2 est égale à $V_S . t$, V_S désignant toujours la vitesse du son à la température des expériences. Le galvanomètre spécial (c'est un fluxmètre) a eu sa graduation préalablement étalonnée de façon à donner de suite $V_S . t$, ou, mieux encore, l'angle de direction AXO, puisque, dans le triangle ABB', cos. AXO ou cos. ABB' est proportionnel à BB'. Un fluxmètre est installé dans le cen-

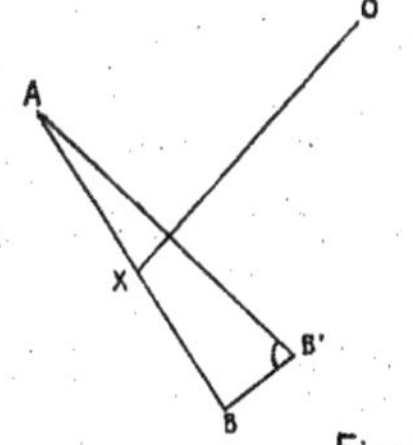

Fig.2

tral de chaque petite base, le poste de mesure et les deux postes d'écoute constituent donc un ensemble pouvant opérer seul, s'il y a lieu ; les indications du fluxmètre sont transmises par téléphone au Bureau de calcul de la section sous la forme d'un nombre qui définit le gisement de XO sur le plan directeur. Au central de la section, on effectue les constructions graphiques comme s'il s'agissait, en somme, de visées faites avec des instruments d'optique.

Il faut donc ici deux bases, soit quatre écouteurs, pour déterminer un point, et trois bases pour que l'on ait une vérification.

Il est difficile de comparer ces divers systèmes entre eux, car ils ont chacun leurs caractères propres. la méthode Cotton-Weiss jouit de l'avantage d'utiliser un appareil portatif à lecture directe et immédiate, chaque base élémentaire fournissant de suite une direction ; elle semble donc assez bien appropriée à la guerre de déplacement ; par contre, il ne reste pas trace des observations faites, puisqu'elle ne comporte pas d'inscription durable, sur une bande de papier, permettant, après coup, des recherches fructueuses, sans compter que l'allure de ces inscriptions conduit souvent à des indications fort utiles.

Les autres systèmes conservent trace, sur les bandes, de tous les phénomènes passés. Le T.M est particulièrement rustique et simple tout en étant d'une fidélité intéressante ; il se contente de lignes téléphoniques d'isolement médiocre, il est donc d'un bon rendement dans le cas de déplacement rapide. Les deux autres modèles nécessitent des lignes téléphoniques beaucoup mieux établies que pour le T.M., et comportent des installations sensiblement plus encombrantes et plus délicates. Leur sensibilité est évidemment plus grande.

Il y a deux qualités à envisager dans tout appareil de mesure : la sensibilité, qui rend l'appareil apte à enregistrer des coups très faibles, sans cependant qu'il soit trop influencé par le vent, et la fidélité ou précision, qui fait que des phénomènes acoustiques identiques s'enregistrent avec un retard constant. Pratiquement, la précision réalisée est suffisante à cause des incertitudes dues à la correction de vent, c'est-à-dire à la déformation irrégulièrement variable de la forme normale de l'onde de bouche, dans sa propagation vers les postes. Quant à la sensibilité, il y aura toujours intérêt à l'accroître, afin de pouvoir repérer ou régler à plus grande distance.

Remarque — Quel que soit le système adopté, on choisit, pour les postes, des emplacements sur les plateaux ou vers le haut des pentes, situés de préférence à une certaine distance de nos propres batteries ; il faut éviter les ravins, les vallonnements, car ils donnent lieu à des phénomènes acoustiques assez complexes et l'atmosphère y est peu transparente pour le son. On voit donc que l'examen des formes du terrain intervient dans cette reconnaissance, aussi est-il parfois difficiles de placer tous les postes à moins de 3 kilomètres des premières lignes. D'ailleurs, il y a lieu de tenir compte aussi des facilités d'entretien des réseaux téléphoniques ainsi que des conditions géométriques qui permettent les recoupements les plus favorables.

C'est l'Artillerie de l'Armée qui arrête les emplacements des divers postes, après consultation du Chef du Groupe de Canevas de tir.

Les systèmes à enregistrement photographique (Dufour et Bull) exigent dans chaque section un <u>poste avancé</u> au moins, spécialement chargé de déclencher à distance l'appareil du poste central au moment où l'observateur entend un coup de canon.
Ce poste est à 700 m. au minimum en avant de la base.

Dans les sections de TM. 1916, il est bon de détacher un observateur à quelques <u>postes ordinaires</u>, les indications transmises par téléphone facilitant beaucoup le "débrouillage" des bandes.

Une section compte de six à huit postes, disposés de manière à s'étaler sur un front de dix kilomètres environ.

Avec des conditions athmosphériques favorables (vent venant de l'ennemi) et dans un secteur assez calme, le repérage est possible à des distances considérables de la base.

(Consulter l'<u>instruction du G.Q.G.</u> du 20 Octobre 1916 sur le fonctionnement du Service des Renseignements et des Organes d'observation terrestre, de l'Artillerie, titre III : sections de repérage par le son.)

Onde de choc ou onde balistique

Nous avons supposé jusqu'ici que la vitesse initiale du projectile était inférieure à celle du son; dans ces conditions, le seul bruit qui se produise est le bruit de départ (<u>onde de détonation</u> ou <u>onde de bouche</u>), dû à la brusque rentrée de l'air dans le tube, après le départ du projectile, et aussi à l'expansion des gaz à la bouche, et qui se propage avec la vitesse du son dans toutes les directions.

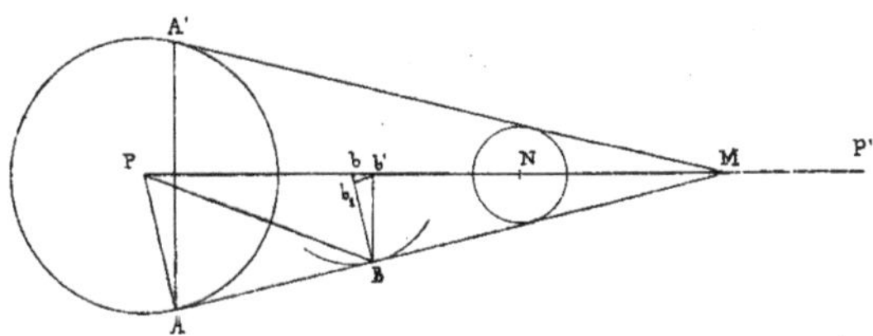

Le problème devient plus compliqué lorsqu'il s'agit d'un canon à vitesse initiale supérieure à celle du son. Examinons un cas théorique très élementaire, celui d'un obus de vitesse constante (V_0 = 700 m., par exemple) dont la trajectoire PP' serait une droite parallèle au sol. La figure 3 est une projection horizontale du champ de tir.

Non seulement, la bouche P sera, au départ du coup, l'origine d'une onde sphérique comme dans l'autre cas, mais, successivement, chaque point de la trajectoire PP' deviendra à son tour le centre d'une onde de même nature, au fur et à mesure que le projectile heurtera les différentes couches d'air. A un moment quelconque, par exemple trois secondes après le départ du coup, ces ondes successives sont devenues des sphères dont le rayon va en décroissant régulièrement, depuis la sphère P, de rayon PA égal à $330^m \times 3^s = 990^m$ (pour $t = 3^s$), jusqu'à la sphère de rayon nul M, point où est parvenu le projectile et défini par : $PM = 3^s \times 700^m = 2100^m$. Une sphère intermédiaire, de centre N correspondant à $t = 2$ secondes, 3 dixièmes, par exemple, a pour rayon $330^m \times (3^s{,}0 - 2^s{,}3)$.

Si l'on donne le nom d'<u>onde balistique</u> à la surface limite (surface enveloppe) sur laquelle parviennent, à un moment donné, les ébranlements sonores antérieurement communiqués à l'air par le choc du projectile en tous les points de son trajet où sa vitesse est supérieure ou au moins égale à celle du son, on voit que, dans notre hypothèse, l'onde balistique se trouve être le <u>cône enveloppe</u> des différentes sphères, cône dont le sommet est en M et qui tangente la sphère P selon le petit cercle projeté en AA'. En toute rigueur, il n'y a lieu de faire intervenir que la nappe du cône comprise entre le sommet M et le petit cercle AA' (nappe prolongée à l'arrière par le reste de la sphère PAA', qui se raccorde avec le cône.)

Ce cône se déplace parallèlement à lui-même d'un mouvement uniforme en conservant son même angle d'ouverture PMA tel que :

$$\cos. PMA = \frac{V_s}{V_o} \left(\frac{330^m}{700^m}\right).$$

Pour faire appel à une image simple, on peut dire qu'il se produit une sorte de sillage analogue à celui que trace sur une rivière un remorqueur en marche.

En un point B de la surface du cône, le bruit qu'on entendra tout d'abord parviendra à l'observateur B en suivant le rayon bB de la sphère b tangente au cône précisément au point B, c'est-à-dire la normale au cône en B, comme si le coup de départ avait éclaté en b sur la trajectoire ; le temps écoulé depuis le départ du coup sera $\frac{Pb}{700^{m.}} + \frac{bB}{330^{m.}}$, alors que le vrai bruit de départ n'arrivera à l'oreille de B qu'au temps $\frac{PB}{330^{m.}}$

Analysons plus complètement le phénomène en ce qui concerne le point B.

En $1/10^e$ de seconde, le projectile va de b en b'; $bb' = 70^{m.}$ Je joins b'B et j'abaisse $b'b_1$ perpendiculaire sur bB. Cette droite $b'b_1$ se confond avec l'arc de cercle décrit de B comme centre avec Bb' comme rayon. Mais le triangle bb_1b' est semblable au triangle PAM, donc $bb_1 = 35^{m.}$. Or, l'onde de choc issue de b arrive en b_1 avec la vitesse de $330^{m.}$ en $1/10^e$ de seconde. Les sons issus de b et b' et, à plus forte raison, de tous les points intermédiaires frapperont donc l'oreille de l'observateur B simultanément, puisque

$$\frac{bb_1}{330^{m.}} + \frac{b_1B}{330^{m.}} = \frac{bb'}{700^{m}} + \frac{b'B}{300^{m.}} = \theta ,$$

avec une approximation très compatible avec l'imperfection du sens auditif, et ce sera le premier bruit que percevra le poste B. Il y aura accumulation de sons, c'est-à-dire claquement, pour tous les points tels que b' situés dans une zone assez limitée, de part et d'autre du point B, puis on entendra les sons issus des points de la trajectoire situés avant b et après b' (ce sont des bruits plus doux que l'on appelle sifflements), enfin, à un moment donné, et dans un ordre variable selon les circonstances du problème, le bruit du départ et le bruit de l'éclatement.

Au contraire, pour un point b_2, un peu éloigné de b, le temps mis par le son pour venir de b_2 en B sera $\frac{b_2D}{330^{m.}} + \frac{DE}{330^{m.}} + \frac{EB}{330^{m.}}$, quantité supérieure à $\frac{b_2F}{330^{m.}} + \frac{DE}{330^{m.}} + \frac{EB}{330^{m.}} = \frac{b_2b}{700^{m.}} + \frac{DE+EB}{330^{m.}}$, (fig. 3 bis); cet intervalle de temps est donc plus grand que θ (bDF est parallèle à la génératrice AM du cône, bE est l'arc de cercle décrit de B comme centre.)

Fig. 3 bis

Concluons :

——1°) La direction PA à laquelle, dans notre hypothèse élémentaire, tous les rayons sonores d'onde de choc sont parallèles s'obtient par la construction d'un triangle rectangle en A dont l'hypothénuse PM est proportionnelle à V_0 et le côté PA proportionnel à la vitesse du son. On déduit de là le centre b de l'onde de choc pour chaque rayon sonore.

——2°) Il en résulte que la direction de PA varie, toutes autres conditions restant les mêmes, avec la direction PP' du tir. Elle change également si la vitesse initiale vient à varier. Il en est de même du centre b.

3°) Dans le cas réel d'une trajectoire courbe, avec une vitesse restante qui va en décroissant, l'allure générale du phénomène reste la même, ainsi que les deux importantes conclusions auxquelles nous venons d'arriver au § 2°. Pour une même batterie qui tire, le point de départ de l'onde de choc occupe donc une place variable sur la trajectoire, en raison de l'angle au niveau et de l'orientation du plan de tir; il change, en outre, pour une même bouche à feu, avec la nature du projectile et le numéro de la charge. C'est ce qui rend si délicat et si complexe du repérage par l'onde de choc.

Pour les canons à forte vitesse initiale, la région où peut prendre naissance l'onde de choc comprend une grande partie de la trajectoire, à partir de la bouche. Ainsi, elle est déjà de 2 kilomètres pour le 105 long allemand, mais elle atteint 8.000 mètres pour le canon de 130. De là, de grosses erreurs d'appréciation sur l'emplacement de la pièce ennemie, du moins pour un observateur non averti. De là aussi l'affirmation, (que nous avons tous entendue et qui repose sur un fond de vérité), que la pièce qui tire dans la direction de l'observateur est très rapprochée des premières lignes.

Théoriquement, le problème du repérage par l'onde de choc seule est mathématiquement bien posé et sa solution, même dans le cas le plus général, est possible, du moment qu'un nombre suffisant de postes ont enregistré cette onde de choc. La famille de surfaces qui représente les déformations successives de l'onde balistique avec le temps est définie empiriquement dans l'espace par la <u>vitesse initiale</u> V_0 et le <u>coefficient balistique</u> c (ces deux paramètres caractérisant la trajectoire au même titre que le genre de projectiles et le numéro de la charge, dans un canon de modèle déterminé), par l'<u>angle de tir</u> et le <u>gisement du plan de tir</u> G (ou, ce qui revient au même, par les 2 coordonnées du point de chute), enfin par les seules inconnues qui nous intéressent réellement, les deux coordonnées de la pièce ennemie, ce qui fait déjà six inconnues à déterminer.

En outre, l'onde de choc se déformant peu à peu, il importe de compter les temps à partir d'une origine, qui sera l'instant du départ du coup, par exemple ; les heures lues sur l'appareil enregistreur sont donc décalées d'une quantité inconnue qu'il faut aussi déterminer, ce qui porte à <u>sept</u> le nombre d'observations d'onde de choc, nécessaires pour résoudre le problème, sans qu'une mesure superflue permette la moindre vérification.

Un certain nombre de ces observations indispensables peuvent d'ailleurs être fournies par l'onde de bouche elle-même, sans que le raisonnement soit à modifier.

Toutefois, la question se simplifie d'une façon notable quand on peut recueillir quelques indications sur <u>V_0</u> et <u>c</u>, c'est-à-dire sur la nature de la bouche à feu et aussi le type d'obus, d'après les observations des postes avancés ou des postes ordinaires ou encore d'autres observatoires, ou bien si l'on parvient à situer le point d'éclatement, c'est-à-dire à connaître α et a, soit par ces mêmes sources de renseignements, soit encore en enregistrant le bruit d'éclatement avec l'appareil et en déterminant ce point par les méthodes applicables aux ondes de bouche.

La façon de traiter le problème est différente selon qu'il s'agit d'un des procédés qui reposent sur l'emploi de bases larges ou, au contraire, de la méthode Cotton-Weiss, car cette dernière fournit de suite pour chaque base élémentaire la direction de l'origine de l'onde de choc qui correspond au centre de cette base.

A titre d'exemple, faisons une application du cas très élémentaire qui a été envisagé au début. On suppose que V_0 est connu, ce qui définit l'angle fixe du cône enveloppe et la vitesse de translation de ce cône. (Le coefficient balistique est dé-

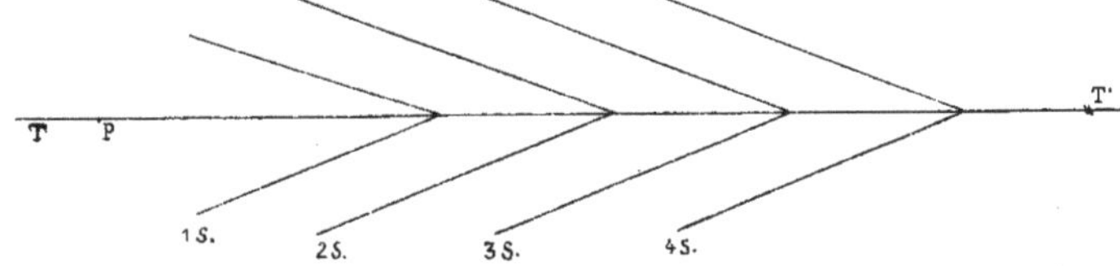

terminé aussi en fait.) On peut donc préparer un abaque sur papier calque comportant les positions relatives de ce cône à **n** secondes après le départ du coup.

Les observations en <u>trois</u> postes suffisent pour placer le graphique sans ambiguïté, ce qui ne peut donner que la direction TT' du plan de tir, par suite de l'uniformité du phénomène dans la suite des temps. Si les postes ont pu noter aussi l'éclatement, en T', par exemple, la table de tir (très simple dans le cas présent) donne alors la position P de la pièce; il suffit même qu'un seul poste ait enregistré cet éclatement.

(Il faut que les 3 microphones soient de part et d'autre de la ligne de tir, sans quoi seule l'orientation de la ligne de tir serait déterminée et non sa position même).

L'emploi de l'onde de choc, plus compliqué, donne des résultats moins précis pour cette raison encore que, par suite de la variation des conditions atmosphériques et balistiques, le tir réel ne correspond jamais exactement à la table de tir qui a servi à construire les abaques, sans compter qu'avec les mortiers et les obusiers, il y a des recouvrements de charges qui ne permettent pas de savoir quelle est la vitesse nominale du tir. Pour ce motif, les S.R.S (à l'exception de la plupart des sections Cotton-Weiss) n'utilisent que l'onde de bouche, à condition qu'elle s'enregistre assez en retard par rapport à l'onde balistique pour que son signal ne se dissimule pas dans l'inscription de l'onde de choc.

Dans le procédé Cotton-Weiss, on a imaginé récemment un rupteur dénommé <u>rupteur sélectif</u>, qui peut se régler de manière à n'être sensible qu'à l'onde de bouche.

D'ailleurs, les deux ondes ont des caractères très distincts : l'onde de choc est une <u>décompression</u> isolée, de peu d'amplitude, l'onde de bouche, une <u>oscillation</u> d'importance beaucoup plus grande. Les inscriptions graphiques du T.M. 1916, en particulier, accusent nettement cette différence d'allure (fig. 4). Cependant l'onde de choc nous semble la plus violente, tandis que la détona-

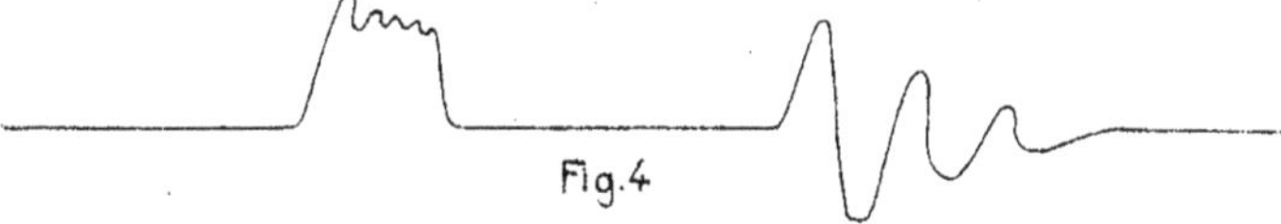
Fig.4

tion du départ passe souvent inaperçue à une distance un peu grande du canon, surtout si l'oreille vient d'être physiologiquement fatiguée par ce premier coup.

A titre d'explication, on peut dire que le son fondamental a, pour chacun des deux bruits, une fréquence assez différente, le son fondamental d'un départ d'obusier étant probablement un infra-son, avec des harmoniques d'énergie infime, tandis que l'onde de choc est perçue dans des conditions optimum d'audibilité, les harmoniques qui sont perceptibles par notre oreille s'y trouvant relativement importantes.

Le problème de la séparation complètement effective des deux ondes par élimination de l'une d'elles semble donc possible.

Camouflage des batteries contre le Repérage par le Son.

On peut désigner sous le nom de camouflage un certain nombre de précautions plus ou moins heureuses, qui ont pour intention d'entraver ou, tout au moins, de retarder le repérage des batteries au son.

Est-il possible d'obtenir le camouflage réciproque de deux pièces en les faisant tirer soit simultanément, à un intervalle exactement calculé d'avance, et de l'ordre de quelques centièmes de seconde?

A titre d'exemple très simple, imaginons deux obusiers allemands O_1 et O_2, en batterie à un intervalle de 150 mètres (fig. 5) et deux postes français de S.R.S. en P_1 et P_2. Si les obusiers tirent en salve au même instant physique, grâce à un dispositif électrique quelconque, le poste P_2 enregistre d'abord l'obusier O_2 tandis que, pour l'autre poste, l'obusier O_1 s'inscrit le premier, ce qui conduit à une branche d'hyperbole passant entre O_1 et O_2, d'où erreur ou confusion.

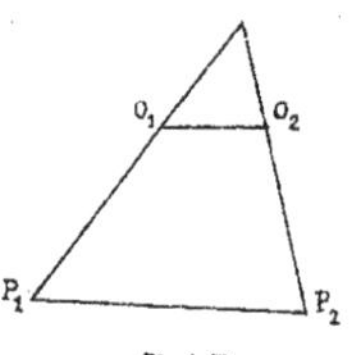

Fig.5

De plus, l'onde de l'autre obusier arrivera respectivement en P_1 ou P_2 très peu de temps après le déclenchement dû au premier coup (une demi-seconde après environ d'après la figure) et se perdra dans le signal en cours d'inscription si le galvanomètre n'est pas encore amorti. L'illusion sera plus grande encore si les pièces sont du même modèle et tirent vers la même région.

En réalité, le brouillage peut bien se produire en certains postes, mais, en général, si l'onde est assez puissante pour impressionner des rupteurs un peu éloignés, le repérage est encore possible, quoiqu'il perde de sa précision pour de pures raisons de recoupement géométrique. Toutefois les pièces tirant d'écharpe par rapport à la direction générale du front sont difficilement repérables, car les différentes ondes sont très atténuées dès qu'on s'écarte notablement du plan de tir.

Le repérage devient pratiquement irréalisable, du moins pour les pièces de petit et moyen calibre, au cours d'une action d'artillerie intense, comme les tirs de barrage, de contre-préparation. Cependant, dans cette confusion de signaux, les appareils à enregistrement permettent très souvent de discerner les canons d'A.L.G.P. à partir du canon allemand de 130.

Le repérage est normalement plus difficile quand il s'agit de <u>charges réduites</u> pour les canons longs, de <u>tirs d'obusiers</u> ou de <u>mortiers</u>.

La situation topographique de la batterie ne paraît pas avoir une grande influence sur les possibilités du repérage ; il semble toutefois que le problème, dans le cas d'obusiers disposés au fond de ravins parallèles à la base de la S.R.S., soit assez délicat à résoudre. Le vent, quand il vient de l'ennemi et ne dépasse pas 3 mètres est très favorable, alors qu'il est souvent un obstacle lorsqu'il souffle d'une direction contraire ou qu'il atteint 7 ou 8 mètres.

Par suite d'un phénomène actuellement bien étudié et qui rappelle le <u>mirage</u>, l'atmosphère est opaque pour les repérages au son l'été, pendant les journées ensoleillées, aux heures du milieu du jour. La neige, le brouillard intense rendent aussi le repérage très aléatoire.

Une façon de camoufler les pièces consisterait, mais ce n'est pas toujours possible, à accompagner le tir de salves de mortiers de tranchée, les coups se succédant à un intervalle de 8 à 10 secondes ; en effet, les oscillations dues à ces fortes détonations font vibrer les membranes pendant un temps appréciable, de sorte que, sur l'oscillographe du T.M. 1916, les vibrations s'enregistrent pendant presque une seconde.

Le repérage est toujours plus flou dans le sens de la profondeur que latéralement, ces directions étant prises par rapport à la base. Comme le tir ennemi est, lui aussi, plus dispersé dans le sens des portées, il peut être recommandé d'avoir, en avant ou en arrière du groupe, une batterie détachée à une distance de 150 à 200 mètres, ou latéralement, fortement protégée et chargée des missions journalières (harcèlements, etc..), le groupe restant disponible pour les actions intenses que nécessite soit le barrage, soit la préparation de l'attaque, soit la contre-préparation. Cette division du travail peut se concevoir aussi pour la batterie de 4 pièces.

De toutes manières, on est à la merci de la moindre imprudence et, avec des S.R.S. bien entraînées, rompues à toutes les finesses du métier, toute batterie, en dépit des précautions possibles, finit toujours par être repérée.

Toutes ces remarques que suggère l'expérience peuvent guider les chefs d'artillerie, soucieux d'éviter ou de retarder le repérage de leurs emplacements, dans les secteurs où il n'est pas indispensable de tirer coûte que coûte à une heure fixée d'avance.

Réglage du tir par les S.R.S.

Une note du G.Q.G., en date du 24 Janvier 1918, met au point le problème du réglage par S.R.S. en l'adaptant aux progrès accomplis dans les méthodes de repérage.

Aux termes de ce document, le cas vraiment intéressant est celui où la S.R.S. vient de repérer par quelques coups, une batterie, qu'elle soit nouvelle ou qu'elle soit déjà connue, et où le réglage s'effectue séance tenante. C'est une opération <u>différentielle</u> qui consiste à amener les éclatements percutants dans une région telle que, les conditions atmosphériques n'ayant pas varié, les enregistrements de ces éclatements correspondent exactement à ceux des départs. On s'affranchit ainsi des erreurs toujours sensibles que cause inévitablement l'incertitude de la correction de température et, surtout, de la correction de vent lorsque le vent est assez fort ou assez irrégulier. La précision du réglage est donc du même ordre de grandeur que celle qui relie les déterminations successives d'une même pièce quand elle tire d'une manière suivie pendant une heure ou deux. Le plus souvent, les coups, explorés isolément, se dispersent dans une ellipse n'ayant pas plus de 100 mètres de long et 60 mètres de large et allongée perpendiculairement à la base. En fait, les résultats constatés ont montré l'excellence de la méthode adoptée.

En un mot, on exécute le réglage sur des coordonnées acoustiques, et non sur des coordonnées calculées ou topographiques, car ce dernier genre de tir n'est susceptible que d'une précision sensiblement moindre, analogue à celle du repérage obtenu un certain jour par rapport au point moyen qui résume des déterminations basées sur plusieurs journées ; un écart de ce genre peut atteindre 100 mètres et même davantage, lorsque les circonstances atmosphériques se sont montrées très inégales d'un jour à l'autre. Néanmoins, cette deuxième méthode a sa valeur s'il s'agit d'objectifs assez vastes (village, parc à munitions, etc..).

Le réglage par le son se fait donc différentiellement par rapport à l'objectif sonore. On a préparé un graphique à grande échelle portant les éléments d'hyperbole qui correspondent à des <u>différences</u> connues (progressant par $\frac{1}{100^e}$ de seconde) entre les coordonnées acoustiques de l'objectif et celles de l'éclatement. On a donc très vite la position relative de deux points, dans un système d'axes orientés et placés par rapport à la batterie qui règle, du moins à l'erreur près des corrections de vent dont on ne tient nul compte, puisqu'elles sont identiquement les mêmes pour le départ ennemi et pour l'éclatement. Le réglage est donc aussi rapide qu'avec une S.R.O.T.

En principe, le calibre employé est au moins le 155. Le 120, en obus allongés, donne parfois de bons résultats. On peut aller ainsi jusqu'à six kilomètres de la base.

Les obus explosifs fusants, même de petit calibre, s'enregistrent très bien à des distances plus grandes. Il y a là une occasion d'essayer de nouveaux procédés de réglage.

Le chef de Section, la prescription en est formelle, reste seul juge de l'opportunité du réglage ; il fonde sa décision sur la netteté des enregistrements et la grandeur des chapeaux, l'examen à priori des conditions atmosphériques ne fournissant pas toujours un diagnostic suffisant.

Le règlement prescrit un réglage par pièce. La batterie tire des salves assez lentes et la S.R.S. donne pour chaque pièce les écarts du point moyen de plusieurs coups (normalement six par rapport au repère choisi).

Une S.R.S. exercée et bien en main exécute un

réglage avec une rapidité très grande, même supérieure à celle de l'observation terrestre.

Les sections Cotton-Weiss qui ne sont pas encore pourvues de rupteurs sélectifs règlent mieux sur les pièces ne donnant pas d'onde de choc (obusiers, canons longs à charge réduite ou à grand angle de tir, ou, encore, canons tirant assez obliquement pour que la base se trouve en dehors de la région où se propage l'onde de choc; ce dernier cas se présente sur la figure 3 pour toute la partie du plan située à gauche de l'angle du sommet P et dont les côtés sont PA et PA' prolongés).

Précision obtenue pour les S.R.S.

La planche ci-contre offre un exemple tiré des dossiers de la S.R.S détachée au champ de tir de la MOIVRE. Elle est intéressante, puisqu'elle concerne une pièce placée à des distances des microphones respectivement égales à 11, 10, 9 et 8 kilomètres.

Elle montre, après corrections du vent et de la température, et par rapport à la position exacte, déterminée topographiquement :

1°) les positions obtenues un même jour par l'exploitation de chaque coup isolément, dans une séance de tir de quelques heures; cette dispersion donne une idée de la précision d'un réglage par S.R.S., sur coordonnées acoustiques. On voit que les coups se disséminent dans une zone ayant sa plus grande dimension (200$^{m.}$) dans le sens perpendiculaire à la direction de la base, avec 50$^{m.}$ comme largeur.

— 2° les positions obtenues à des jours différents pour cette même position de batterie. L'examen du tableau permet de constater que la correction est toujours un peu trop forte et qu'en moyenne la batterie ennemie est toujours légèrement plus éloignée de la base que ne le dit la S.R.S. ; l'écart est de l'ordre de 50 mètres en portée pour des repérages à ces grandes distances. Aux courtes distances, on peut diminuer cet écart d'une façon à peu près proportionnelle. C'est une indication qui a son intérêt, mais qui ne porte plus si l'on effectue un réglage par coordonnées acoustiques.

Organisation des S.R.S.

Commandée par un officier assisté d'un officier adjoint, une S.R.S. a un effectif de 41 ou de 48 hommes de troupe (observateurs, calculateurs, graphiqueurs et surtout téléphonistes) selon qu'elle est fixe, c'est-à-dire S.R.S. de secteur, ou mobile, c'est-à-dire organisée en vue de la guerre de mouvement. Ces dernières disposent comme moyens de transport, aux termes des instructions en vigueur, de deux camions et d'une camionnette.

Les S.R.S. constituent des organes d'artillerie,

placés dans chaque armée sous les ordres du Général Commandant l'artillerie de l'Armée qui les <u>met pour emploi</u> à la disposition des C.A. ; elles sont sous la direction immédiate des S.R.A. de Corps d'armée, mais, au point de vue technique, elles relèvent du Général directeur du Service Géographique de l'Armée, représenté à l'Armée par le Chef du groupe des canevas de tir.

Le chef de section est en liaison téléphonique directe avec le S.R.A du Corps d'armée, avec les S.R.O.T. et les S.R.S. voisines, avec les groupements d'A.L. les plus rapprochées; il correspond fréquemment avec les escadrilles et les ballons, pour entreprendre au plus vite la coordination des renseignements des diverses provenances, ou pour orienter l'aéronautique sur la recherche des emplacements nouveaux, dont il vient de déterminer les coordonnées approchées. Il est souvent avantageux de placer les centraux des S.R.O.T. et des S.R.S. assez près du P.C. de l'artillerie lourde du C.A., ou du P.C. d'un groupement d'artillerie lourde d'armée, lorsque l'ordre de bataille en comporte.

Dans l'organisation actuelle, la S.R.S. procède aux réglages avec les mêmes postes, les mêmes appareils et le même personnel que ceux qui lui servent aux repérages.

Organisation et Service des S.R.O.T.

Les S.R.O.T. sont placées, à l'égard de l'Armée et des Corps d'Armée, dans les mêmes conditions de subordination que les S.R.S.

Commandées par un officier, auquel un deuxième officier est adjoint, elles ont un effectif variable selon qu'il s'agit d'une S.R.O.T. territoriale, ou d'une section mobile ou encore d'une S.R.O.T. territoriale télémétrique, les sections de ce dernier type possédant, en plus du personnel destiné au repérage et des équipes chargées du réglage par coups fusants hauts (méthode et appareils des S.R.O.T.), un personnel spécial, préposé au réglage par la méthode des coups fusants hauts à grande portée, au moyen de lunettes de précision d'un modèle particulier.

En moyenne, une section compte six observatoires de repérage et trois observatoires ordinaires de réglage, répartis sur un front de huit kilomètres au moins. Les observatoires de repérage, quelquefois sont échelonnés en profondeur.

L'effectif varie de 74 à 91 hommes de troupe: chefs de poste, observateurs, téléphonistes.

Les S.R.O.T. constituent par excellence des organes d'observation terrestre, à la disposition directe du commandement. Leur rôle (défini par l'instruction du G.Q.G du 20 octobre 1916) est triple:

——1° surveillance générale du champ de bataille, particulièrement des parties éloignées (mouvements et travaux de l'ennemi, drachens, aviation, activité des chemins de fer);

——2° repérage des batteries à la flamme, à la fumée, à la lueur. Le repérage aux lueurs est devenu un peu délicat par suite de l'emploi plus fréquent des produits anti-lueurs, mais il donne toujours d'excellents résultats;

——3° réglages de précision;

On peut y ajouter:

——4° détermination topographique de buts auxiliaires à destination de l'artillerie, aux grandes portées surtout, et communication immédiate de ces listes aux commandants d'artillerie. Cette question est surtout intéressante pour l'A.L.G.P. et pour les canons qui, ne possédant pas encore de fusée fusante, ne peuvent recourir qu'au tir percutant.

Il y a lieu de distinguer les réglages percutants (régis par la note du G.Q.G du 16 Février 1918) et les réglages par coups fusants hauts (Instruction sur le tir d'artillerie, 2e fascicule, appendice XIV).

Dans ces divers réglages, la S.R.O.T. n'est qu'un agent de renseignements, intervenant dans le même esprit que l'avion, le ballon et la S.R.S; le commandant de batterie utilise en se conformant aux règles habituelles de tir les indications qu'il reçoit d'elle.

En toute circonstance, la S.R.O.T. détermine toujours, par un procédé graphique, les écarts métriques des coups tant en portée qu'en direction ; elle ne se contente pas d'apprécier le sens des coups. Ce genre d'exploitation est à la fois plus rapide et moins coûteux. En effet, le calcul des probabilités enseigne que si, pour un nombre déterminé de coups, la précision du réglage par simple observation du sens des coups, variable d'ailleurs, est d'autant plus grande qu'on se trouve plus près de l'égalité en coups longs et en coups courts, elle demeure toujours moindre, à dépense égale, que lorsqu'on mesure la grandeur des écarts, surtout si l'on fait intervenir dans le compte les coups consommés pendant le tir d'essai. Pour six coups observés dans un tir d'amélioration, l'erreur probable de la hausse améliorée varie de un demi à deux écarts probable, selon la proportion des courts et des longs ; à ces six coups, il faut ajouter au minimum 4 coups pour le prix du tir d'essai. Dans la deuxième méthode, l'erreur probable de la hausse corrigée est toujours le tiers de un écart probable (pour six coups observés), d'où un bénéfice appréciable en sa faveur.

La S.R.O.T., organe stable installé à demeure dans le secteur, a l'avantage de connaître parfaitement le terrain sur lequel elle opère et d'avoir ses observatoires exactement situés, et pourvus de repères de directions et de site déterminés avec le plus grand soin; en outre, le personnel qui la compose est spécialisé en vue d'un travail rapide et précis (graphiqueurs, calculateurs, observateurs).

Les observatoires ont eu soin de dresser une carte des parties vues et cachées, comportant aussi les régions de défilement faible, c'est-à-dire les zones où un réglage percutant est possible (l'obus allongé de 155 permet un défilement dépassant 10 mètres). Un réglage de cette nature rentre toujours dans l'un des trois cas suivants, où l'observation trilatérale s'applique avec le plus grand profit :

——1° l'objectif est une pièce que trois des observatoires ont repérée par sa flamme, sa fumée ou sa lueur. Il est alors possible d'exécuter un excellent réglage ; c'est le cas de beaucoup le plus favorable ;

——2° l'objectif est indiqué par ses coordonnées. Le tir sera encore de très bonne qualité, si l'organisation topographique de l'observation a été poussée assez loin ;

——3° le tir a pour but de créer un but auxiliaire fictif, dont on tire ensuite parti.

L'autre genre de réglage que les S.R.O.T. sont chargés d'assurer est le réglage par coups fusants hauts (méthode du Général Sainte-Claire-Deville). Ce procédé est très souple et permet aussi l'accrochage en direction (dans le cas où la préparation topographique du tir n'aurait pu être complète), la formation du faisceau, le régimage des pièces, le tarage des poudres, le repérage d'un tir précédemment réglé au moyen d'un mode d'observation quelconque et la reprise de ce tir, le contrôle continu d'un tir d'efficacité, l'exécution d'un tir d'efficacité à explosifs fusants, par transport de tir sur un objectif défilé et, enfin, le tir fusant sur ballons. L'expérience montre que même lors des tirs à grande portée, les viseurs employés donnent une précision suffisante et que la difficulté réside uniquement dans l'organisation topographique parfaite de l'observation.

Il est à remarquer qu'un seul coup fusant haut, tiré loin en avant des lignes et à une hauteur suffisante, peut servir de repère de direction non seulement à tous les observatoires d'une région, mais à toutes les batteries de cette région, puisque, prévenus d'avance, tous ces éléments d'artillerie pourront braquer leurs appareils de direction sur ce repère aérien, dont la position en plan sera donnée aussitôt par la S.R.O.T. avec une erreur probable de l'ordre de quelques mètres seulement. Si ce piquetage aérien est renouvelé en largeur dans la zone ennemie tous les kilomètres, par exemple, on disposera de la sorte, et à peu de frais, de repères de direction assez nombreux pour permettre un véritable relèvement des observatoires, au sens topographique du mot.

Comme appareils de visée, les S.R.O.T. utilisent la lunette monoculaire (grossissement 15) et, la nuit, pour le repérage des lueurs, le cercle de visée équipé avec le viseur binoculaire (qui est une jumelle à micromètre éclairé), ou bien avec une alidade dont la ligne de visée est matérialisée par deux pointes radioactives.

La précision des appareils de repérage, ainsi que celle des viseurs spéciaux employés pour le réglage par coups fusants hauts, est sensiblement augmentée si l'on s'astreint à faire toutes les mesures avec le micromètre, en déterminant au préalable pour chaque observatoire, au théodolite, un réseau très serré de repères en direction et de repères en site. Dans ces conditions, on peut compter d'une facon certaine sur l'approximation du millième au moins. Certaines Armées préconisent la liaison intime et directe des S.R.O.T. avec les groupements ou groupes d'artillerie voisins, surtout en cas de renforcement rapide. Elles estiment qu'il est indispensable d'assurer les liaisons téléphoniques des observations par câble sous plomb enterré, et même de doter les observatoires avancés de T.S.F. et de T.P.S., tout en bétonnant solidement ces observatoires.

Les Sections de Repérage en période de mouvement

Une note du G.Q.G., datée du 18 mai 1919, vient de fixer les principes qui doivent présider au fonctionnement des organes de repérage de l'artillerie dans les périodes de mouvement.

L'expérience de la bataille de 1918 a montré, en effet que, si les sections de repérage, ayant besoin d'un réseau téléphonique complexe et bien installé, atteignent leur rendement maximum en période de stabilisation, elles étaient susceptibles, en cas de déplacement rapide, d'être utilisables rapidement par le commandement et par l'artillerie; c'est dans cette voie que leur instruction est orientée, en vue d'un emploi immédiat, dès leur arrivée en place, fût-ce en sacrifiant un peu de leur précision habituelle.

La note insiste sur les points suivants:

— 1° Une S.R.O.T. et une S.R.S. sont jumelées et forment un organe de corps d'armée où les ressources sont mises en commun.

— 2° nécessité de leur donner sans hésitation et au moment opportun des moyens de transport supplémentaires en quantité suffisante.

— 3° en cas de déplacement, tous les efforts sont dabord consacrés à assurer le fonctionnement rapide d'un premier poste de S.R.O.T. ; la section commence à "réaliser" aussitôt que ce poste unique est prêt, elle n'attend pas l'installation du deuxième poste, ni du troisième.— La S.R.O.T. se consacre uniquement au repérage.

—4º La S.R.S. n'intervient que si le front tend à se stabiliser ; elle ne prévoit d'abord qu'une base courte (il faut au moins trois postes pour avoir un recoupement).

Toutefois, les sections du type Cotton-Weiss qui se contentent de petites bases de 300 mètres de longueur seulement, complètement indépendantes, peuvent rapidement donner une direction et la transmettre par un moyen quelconque, pour corroborer des données d'autres provenances (onde de bouche).

Repérage au Son dans l'Armée Allemande.

(Règlement du 1er Décembre 1917)

Le procédé de beaucoup le plus employé par les Allemands est celui des topeurs humains. C'est en somme la méthode de NORDMANN un peu améliorée. Voici en quoi il consiste :

Tous les observateurs se trouvant dans un même circuit téléphonique, ils mettent en marche leur montre-chronographe aussitôt qu'ils entendent le bruit du coup de canon qu'il s'agit de repérer, puis ils l'arrêtent à un top fait dans le réseau par le chef de poste du central ; de cette façon, tous les temps sont rapportés à une même origine. Ou bien, inversement, l'observateur avancé, aussitôt qu'il entend le bruit qu'il veut faire repérer, fait un top dans le circuit téléphonique général et c'est à ce top que les divers observateurs rapportent les intervalles de temps qu'ils mesurent.

Les observateurs notent l'onde de bouche si l'intervalle de temps qui la sépare de l'onde de choc dépasse 1/2 seconde, sinon ils inscrivent l'onde de choc ; ils opèrent de même quand ils n'entendent pas l'onde de bouche.

Précision : on compte, que, dans les conditions normales, on peut placer une pièce à 60 m près, si l'on repère au moins 4 coups de cette pièce.

Lt Colonel NOIREL

du Service Géographique de l'Armée

CHAMP DE TIR DE LA MOIVRE (ANNÉE 1918)

REPÉRAGE D'UN CANON DE 155 L. SCHNEIDER M^LE 1917

Obus F.A Vo = 647^m

Distances aux Postes

2 _ 10.990^m
3 _ 10.050^m
4 _ 9.112^m
5 _ 8.543^m

1 _ Point central des ronds noirs
2 _ ——— d° ——— ronds blancs
3,4,5,6,7,8 _ Autres points centraux (la flèche de vent porte le n° correspondant)

www.ingramcontent.com/pod-product-compliance
Ingram Content Group UK Ltd.
Pitfield, Milton Keynes, MK11 3LW, UK
UKHW020453230726
13925UKWH00005B/1905